AF326199

DE L'EMPLOI

ÉCONOMIQUE

DE LA CHAUX

COMME AMENDEMENT;

Par M. M.-A. PUVIS.

BOURG,

IMPRIMERIE DE P.-F. BOTTIER.

1832.

DE L'EMPLOI ÉCONOMIQUE

DE LA CHAUX COMME AMENDEMENT.

LES améliorations agricoles, quoique marchant d'un pas moins rapide que les améliorations industrielles, font néanmoins de grands progrès en France. Parmi les premières, le chaulage du sol nous semble une des plus importantes, et celle, peut-être, qui a le plus besoin de direction pour que notre agriculture en tire le plus grand profit possible.

Cet amendement, qui peut doubler le produit net de la moitié peut-être du sol français, avec lequel on peut féconder les immenses bruyères, les landes arides qui couvrent encore tant d'étendue, soulève, pour ses effets, sur la nature des sols auxquels il convient, pour les doses et les procédés de son emploi, une multitude de doutes qui ont besoin d'être éclaircis. Les méthodes décrites ont besoin d'être discutées, comparées, les opinions balancées; enfin tous les détails de cette importante question appellent un ouvrage spécial qui fixe, s'il est possible, les idées des naturalistes agronomes et la pratique des cultivateurs.

En attendant ce travail qui pourrait être d'une grande utilité au pays, nous nous occuperons particulièrement aujourd'hui de l'emploi économique de la chaux comme amendement. Dans la pratique du chaulage, on peut, suivant les procédés qu'on emploie, obtenir les mêmes résultats sur le sol avec 2 ou 3 fois moins de dépenses; c'est donc là le point le plus important à traiter, aujourd'hui qu'en un grand nombre de pays et particulièrement dans le nôtre, le chaulage du sol se propage.

1

Les premiers essais de chaux dans notre pays datent de près d'un demi siècle. Le souvenir qu'ils ont laissé, les traces qui s'en manifestent encore sur le sol les ont fait reprendre il y a 20 ans : peu étendus d'abord, chaque année les chaulages s'accroissent en progression géométrique : ils se sont projetés loin du point où ils avaient pris naissance : nés en Bresse, ils s'étendent maintenant en Dombes sur 8 à 10 propriétés dans des positions différentes et éloignées entre elles : de riches propriétaires et des fermiers avancés ont fait des chaulages en grand dont nous avons précédemment parlé, et les résultats ont déjà couvert en partie leurs avances. D'un autre côté, les communes voisines de la Tranclière et de Certines, d'où est partie l'impulsion première, y prennent des exemples de manipulation ; mais tous ces chaulages sont faits comme les premiers avec peu de méthode : la chaux est employée pure et immédiatement sur le sol ; les quantités ne sont pas encore, il est vrai, fixées, mais généralement les doses sont trop fortes, sous le double point de vue, de l'économie d'argent, et quelquefois même de l'amélioration du sol.

Les causes qui ont conduit à des doses trop fortes, sont faciles à expliquer : la chaux employée à une dose modérée et immédiatement sur la terre, peu de temps avant la semaille, ne pouvait être convenablement mêlée au sol labourable lorsqu'on a mis le grain en terre ; elle a donc produit peu d'effet sur la première récolte de grain, parce que les racines n'ont pas trouvé une assez grande masse de sol amendée ; on a jugé la dose trop faible, mais c'est qu'elle était seulement mal répartie ; tout le mal consistait en ce que le mélange n'avait point été fait à l'avance avec de la terre avant de répandre la chaux; de ce défaut de soin il est résulté qu'alors qu'on eût pu aisément se borner à donner au sol 3o ou 4o hectolitres de chaux par hectare, on en a mis jusqu'au delà de cent vingt; la même quantité de chaux, la même dépense eût pu s'appliquer à 3 ou 4 fois plus d'étendue; les résultats n'ont donc été que le tiers ou le quart de ce qu'ils eussent été en employant la chaux avec économie; on peut donc juger de l'importance qu'il y aurait à ramener la pratique à une marche plus rationnelle; plus tard, sans doute, on pourra y revenir, si les agronomes instruits prêchent à la fois de leçons et d'exemples, et font réussir aux yeux de tous des procédés plus économiques; mais il faudra s'obstiner si l'on veut réussir, et ce ne sera pas sans difficulté qu'on viendra à bout de vaincre une habitude entée sur l'exemple et le succès des voisins. C'est jusqu'ici en vain que depuis plusieurs années, dans des domaines où mes fermiers emploient la chaux, j'ai voulu en modifier, en améliorer l'emploi: mes prescriptions n'ont été suivies que là où j'ai moi-même présidé à leur exécution. Il y a deux mois encore que j'avais tout disposé pour l'emploi de 2oo tonneaux, soit 42o hectolitres de chaux sur 8 hectares; la dose était forte sans doute, mais je n'avais point de terreau pour le mélanger à la chaux, ni de temps disponible pour la manipulation: elle dut donc être mise immmédiatement sur le sol: je pris soin de mesurer la quantité de chaux des monceaux, de marquer la distance des lignes des monceaux et celle des monceaux dans la ligne. Je fis distribuer ainsi les premières voitures; mais aussitôt que j'ai été parti les monceaux ont grossi; en sorte que mon amendement s'est borné à 5 hectares au lieu de 8. J'avais aussi, pour me conformer aux usages, consacrés par l'expérience dans les pays de France où l'on applique la chaux immédiatement au sol, recommandé de recouvrir les monceaux ou *binots* de chaux de 6 pouces au moins de terre, de mélanger au bout de 8 jours la chaux avec la terre qui la recouvrait et de la répandre un mois après sur le sol ; ne pouvant moi-même suivre tous ces détails de manipulation, le métayer s'est borné à couvrir légèrement de terre les monceaux ; en sorte que la chaux en fusant, a ouvert de larges fissures dans la mince enveloppe de terre qui la recouvrait : de fortes pluies sont survenues, ont grumelé la chaux qui correspondait aux fissures ; enfin on n'a point mélangé la chaux avec la terre qui la recouvrait et l'on n'a pas attendu le mois souvent nécessaire à sa complète pulvérisation et à son action sur la terre qu'on lui mélange ; en sorte que la chaux a été mal distribuée sur le sol et a produit une poussière très-incommode pour ceux qui l'ont répandue ; mais elle a été mise en telle quantité que son effet néanmoins sera encore grand : le métayer en voyant le succès s'applaudira de ce qu'il a fait, de son indocilité même, bien convaincu que s'il eût suivi les indications de son maître il n'aurait obtenu que de mauvais résultats.

C'est ainsi que sont le plus souvent exécutées les intentions des propriétaires, lorsqu'ils ne sont pas toujours présens ; mais ils ne doivent pas se décourager surtout dans des circonstances de cette espèce, d'un si grand intérêt pour le pays, et où ils ont à s'appuyer sur l'intérêt du fermier lui-même qui a tout à gagner à voir s'agrandir sa surface amendée.

Mais arrivons à des exemples d'un meilleur emploi de la chaux : parmi tous les pays où l'usage de la chaux s'est répandu , nous n'en connaissons aucun où elle soit employée d'une manière aussi économique et plus productive que dans la Sarthe, la Vendée, Maine-et-Loire, la Mayenne, ces quatre ou cinq départemens qui bordent la Loire et qui se composent en grande partie de plateaux de sol argilo-siliceux , tout-à-fait analogues aux plateaux de Bresse et Dombes que nous offre notre pays et à ceux de même formation si nombreux en France. L'emploi de la chaux commencé dans ce pays depuis 4o ans, s'y est propagé de manière à y devenir presque général : jusqu'en 1810 les chaulages n'étaient guères que des essais isolés ; mais depuis cette époque qui est celle de la paix entière dans tous le pays, ils s'y sont régularisés et sont devenus sur beaucoup de points à-peuprès indispensables au système de culture.

Nous allons entrer dans les détails remarquables de pratique auxquels l'expérience a conduit : j'en dois une grande partie à deux personnes recommandables qui habitent le pays et qui ont mis et fait mettre la main à l'œuvre ; chaque année ils appliquent ces procédés à leurs propres fonds et les suivent dans tout leur développement.

Le premier qui m'ait transmis des renseignemens détaillés est M. Salmon qui habite le canton de Sablé dans la Sarthe : homme plein d'instruction, de capacité et d'expérience. L'honorable M. Goupil, docteur-médecin, député de la Sarthe, propriétaire dans le canton de Brulon, m'a aussi donné des renseignemens écrits et de vive voix qui ont confirmé et éclairci ce que m'avait appris M. Salmon.

Je leur dois, et à d'autres sources sûres, d'importans détails sur l'agriculture de ce pays ; en les comparant à d'autres pratiques, j'en déduirai ce qu'ils me sembleront contenir de plus précis et de plus positif, particulièrement pour l'emploi de la chaux et des autres amendemens calcaires.

Et d'abord, comme nous l'avons dit, les plateaux argilo-siliceux qui forment la plus grande partie du sol de ce pays, sont tout-à-fait analogues aux autres plateaux qui suivent le cours de la Loire, depuis sa source jusqu'à son embouchure, analogues au grand plateau du bassin de la Saône qui se prolonge sur trois départemens et sur lequel notre pays est en grande partie placé.

Ils ont comme nous le dépôt argilo-siliceux de la surface, avec tous les degrés de consistance, depuis le sol très-argileux jusqu'au sol le plus léger; mais la couche supérieure a souvent un autre sous-sol que dans notre pays; elle repose sur des schistes, quelquefois sur la couche calcaire, en sorte qu'avec un sol analogue au nôtre, puis un sous-sol perméable, leur pays est beaucoup moins humide, et par suite n'est pas mal sain.

On y emploie la chaux tous les trois ans et en même quantité : l'assolement est resté triennal comme il l'était avant; c'est sur le froment de la première année que le chaulage s'exécute; la chaux ne s'emploie pas immédiatement sur le sol, les baux le défendent; elle est toujours mélangée avec des terreaux de cours; des curures, de fossés, de mares; des terres, de jardin, de buissons, de prés et des débris végétaux de toute espèce; à défaut de ces terreaux on emploie la terre des champs qu'on veut chauler; la quantité de terre employée est de 6 à 8 fois le volume de la chaux en pierre; on en forme des monceaux qu'on dispose par lits alternatifs de terre et de chaux : au bout de 8 jours on coupe le tas pour le mélanger, et on le remanie au moins encore une fois avant de l'employer.

Ces compots doivent être prêts pour l'époque des semailles : on les conduit sur le sol en même temps que le fumier : on fume à la quantité de 3o milliers à peu près de fumier par hectare ; et les tas de compot calcaire sont placés en rangs alternatifs avec ceux de fumier. On épanche le fumier le premier, et immédiatement, lorsque le temps est sec : on répand la chaux avec une pelle de bois ; enfin on sème et on recouvre le tout par un labour.

La quantité de chaux employée par les cultivateurs est de 8 à 12 hectolitres en moyenne par hectare, qui mélangée à 6 à 8 fois le volume de terre fait à-peu-près un volume de 3oo pieds cubes : ce volume de terre chaulée fournit en moyenne autant de voyages que le fumier, et on en fait autant de tas.

Le froment chaulé et fumé produit trois semences de plus, soit par hectare 6 à 7 hectolitres de plus que quand on employait le fumier tout seul.

La récolte de mars qui succède reçoit une augmentation pareille, et le trèfle qu'on sème sur l'orge ou l'avoine plutôt que sur le froment devient d'un produit assuré sans avoir besoin de plâtrage.

Ces doses que nous venons d'indiquer sont celles qu'emploie le cultivateur, qu'il soit propriétaire ou fermier : les propriétaires aisés qui craignent moins la dépense emploient souvent des doses doubles et ils n'en ont vu résulter aucun inconvénient.

M. Salmon emploie ordinairement 24 hectolitres par hectare, et pense que sans inconvénient on en emploierait une quantité double.

On peut expliquer avec toute probabilité l'effet instantané de la chaux sur les récoltes dans ce procédé;
c'est que mêlée à 6 à 8 fois son volume de terre, elle
peut quoiqu'en petite dose se répartir également sur
tout le sol et lui imprimer son action ; elle est placée
immédiatement sur le fumier dont elle double l'énergie,
et le grain repose immédiatement, germe et pousse ses
racines dans une couche de fumier et de chaux terreautée; toutes les conditions se trouvent réunies pour un
prompt effet sur la végétation; c'est là, il me semble,
une des plus heureuses combinaisons agricoles qu'il soit
possible de faire, et son résultat immédiat, qui surpasse de si loin la dépense faite pour l'obtenir, n'a pas
besoin d'être autrement préconisé.

Le grand succès d'une petite dose de chaux placée immédiatement avec le fumier et la semence, me rappelle
une pratique remarquable dont j'ai rendu compte dans
un mémoire sur l'emploi des cendres lessivées.

Les cultivateurs de Ratte, village près de Louhans,
Saône-et-Loire, ont porté leur sol à une grande fécondité,
en plaçant leurs grains de semence immédiatement sur
le fumier, sur lequel on a répandu des cendres lessivées;
ils n'emploient le fumier qu'à moitié de la dose ordinaire et à peine moitié de la dose de cendres , qu'ils bornent à 15 hectolitres par hectare. Leurs récoltes sont
beaucoup supérieures à celles de leurs voisins qui emploient la dose entière du fumier ou une dose double de
cendres dans un terrain de même nature.

Dans notre pratique de commençant les propriétaires
et les fermiers eux-mêmes qui chaulent à leur compte
ont une tendance inverse de celle qu'ils ont dans la
Sarthe; dans notre pays, les propriétaires s'efforcent en

vain de contenir les fermiers, et de restreindre les doses :
dans la Sarthe, au contraire, les fermiers s'en tiennent
aux doses que l'usage leur fait juger suffisantes, et les
propriétaires emploient eux-mêmes et conseillent de plus
fortes doses.

La chaux coûte dans le pays 1 fr. 50 cent. l'hectolitre
quand on la fabrique avec le bois; près des mines de
houille elle ne coûte qu'un franc; la dépense de chaux
serait donc de 12 à 18 fr. par hectare, et en portant à
30 fr. les frais de manipulation et la valeur du terreau,
la dépense totale serait de 45 fr. par hectare, mais l'accroissement de produit du froment est de 3 semences
en moyenne, de 6 à 7 hectolitres par hectare, dont
la valeur avec la paille serait de plus de 150 fr., ce
qui équivaut à plus de trois fois la dépense; et cela sans
compter l'accroissement de fécondité et de produit des
autres récoltes de l'assolement.

Les chaulages, loin d'épuiser le sol, semblent au contraire accroître de plus en plus sa fécondité; toutefois dans
quelques cantons, les propriétaires ont cru devoir pres-
crire dans les baux de ne jamais mettre la chaux seule
sans mélange de terre ou de fumier, et ils en limitent la
quantité; mais avec un ensemble de procédés comme
ceux qui sont établis, toute précaution est surabondante.

On emploie aussi le compot de chaux sur les prés,
mais on trouve son effet moindre que sur les terres la-
bourables.

La chaux a amélioré la texture du sol, l'a adouci
lorsqu'il était très-compact, et lui a donné un peu de
corps lorsqu'il était trop léger.

Les mauvaises herbes des sols siliceux en sont presque entièrement bannies, les récoltes sarclées deviennent

d'une culture plus facile, et par suite d'un plus grand produit réalisé à moindres frais.

On met rarement la chaux sur les récoltes de printemps ; celle qu'on a employée sur les récoltes d'automne conserve assez de force pour toute la durée de l'assolement.

La chaux fertilise merveilleusement les terres de landes, les bruyères ; aussi elles disparaissent petit à petit du pays ; les récoltes de commerce, les chanvres, les lins surtout se sont beaucoup accrus ; les fourrages de toute espèce, les trèfles, les choux, les raves ont doublé d'étendue.

La chaux s'emploie, mais avec les plus faibles des doses que nous avons indiquées, sur les sols argilo-siliceux, dont le sous-sol se trouve la roche calcaire au lieu du schiste : nous pensons que ce sol, quoique recouvrant la roche de chaux carbonatée n'en contient aucune partie, parce qu'il appartient à une formation tout-à-fait distincte qui ne contient nulle part le principe calcaire : comment d'ailleurs conçoit-on qu'on pourrait arriver à doubler les récoltes, en ajoutant seulement au sol une proportion si peu considérable de l'un des élémens qu'il contiendrait déjà ? et puis enfin nous avons fréquemment vu ailleurs la couche supérieure argilo-siliceuse recouvrir les composés calcaires, et néanmoins éprouver un grand effet de leur application ; mais alors cette couche supérieure analysée ne contenait pas un atome de carbonate de chaux.

Ce sol qui recouvre la roche calcaire est plus sec que celui qui recouvre le schiste ou un sous-sol argileux, c'est pour cette raison qu'on lui donne moins de chaux.

On emploie aussi dans ce pays les cendres lessivées ,

mais leur dose est à peine égale à celle de la chaux ; elle est de moins de 12 hectolitres par hectare. On les répand immédiatement sur le sol sans mélange avec des terreaux : elles réussissent particulièrement sur les récoltes de blé noir, et le froment qui suit s'en ressent encore ; elles sont plus recherchées, mais plus chères que la chaux.

Mais les améliorations s'enchaînent l'une l'autre ; la fabrication de la chaux nécessaire au sol ajoutait à la rareté et à la cherté des bois, on a donc cherché d'autre combustible, et on a trouvé dans les formations calcaires du pays des mines de houille qu'on a employée avec grand succès à la cuisson de la chaux : cette découverte a fait baisser le prix de la chaux d'un tiers, et a fourni aux arts et à l'économie domestique un combustible à bon marché.

La chaux se fait donc avec le bois ou avec la houille ; celle au bois, comme nous l'avons dit, est plus chère : dans un four au bois de 240 hectolitres, soit 100 à 120 tonneaux, il faut 1,600 fagots du poids de 10 à 12 kil. chacun, du prix de 6 à 8 fr. le cent, pour cuire la pierre tendre, espèce de tuf calcaire : il faut moitié en sus pour cuire la pierre dure qu'ils appellent marbre : dans le premier cas, cent fagots pesant 10 à 12 quintaux métriques, et coûtant 7 fr. le cent, cuisent 15 hectolitres de chaux, c'est 50 cent. à peu près de bois par hectolitre ; et un kil. de bois cuit un kil. de chaux ; dans le second cas, la dépense est de 75 cent. de combustible par hectolitre, et 3 kil. de bois cuisent 2 kil. de chaux.

Dans un four ovoïde contenant de 110 à 120 hectolitres, moitié des fours manceaux, qu'un de mes frères, ingénieur des mines, a établi pour y cuire pour notre

usage de la chaux hydraulique, après divers essais et mo-
difications, il est arrivé à cuire le four avec 750 fagots, du
poids moyen de 9 à 10 kil. ; c'est plus d'un 5.me d'économie de combustible sur les fours manceaux en pierre
de tuf, et un tiers sur ceux en pierre dure ; 4 kil. de bois
en cuisent 5 de chaux , économie qui ne serait pas sans
importance dans le cas d'une grande consommation de
chaux. Lorsque les manceaux cuisent à la houille , 1
hectolitre de houille en cuit trois de chaux ; l'hectolitre
de houille sur le plateau des mines coûte 1 fr. 25 c., ils
dépensent un peu plus de 40 c. de combustible par hectolitre de chaux.

C'est peut-être encore sur le produit du trèfle que les
effets de la chaux ont été les plus remarquables ; il
réussissait à peine avant les chaulages , maintenant son
produit est assuré même sans plâtrage, et les graines abon-
dantes qu'il fournit ont fait naître une branche de commerce
importante pour le pays : on récolte donc une grande
masse de graine qui se vend en France et surtout en
Angleterre ; on la prépare en battant les bourres sous
des meules d'huilerie, dans des battoirs à tau, ou avec
des maillets : une machine beaucoup vantée qui avait,
si je ne me trompe , obtenu un prix des Sociétés d'Agriculture, a été abandonnée : lorsque la bourre est battue
et que le grain est hors de sa capsule, on le nettoie au
moulin à ailes qu'on emploie d'ordinaire pour les van-
nages des céréales.

Et puis ce succès de la chaux dans leur sol leur a fait
rechercher ses combinaisons : dans le bourg de Brulon on
fabrique avec les vidanges de latrines et la chaux un
engrais auquel on a donné le nom assez peu juste d'u-
rate ; son effet est de beaucoup supérieur à celui de la

chaux terreautée ; on l'emploie à la dose d'une pipe,
contenant 18 pieds cubes par journal de 44 ares, soit
12 à 15 hectolitres par hectare. La pipe coûte 10 fr.,
et l'amendement de l'hectare coûte de 20 à 25 fr. Cet engrais est en poudre, il se répand sur le sol avec une pa-
lette ; le grain se sème immédiatement et on recouvre le
tout d'un labour ; lorsqu'il s'emploie à la première année
de l'assolement on emploie le fumier comme avec la chaux;
mais le produit est encore plus abondant qu'avec elle.

Dans leur rapide essor vers le bien, ils ne se sont pas
bornés aux améliorations que nous venons de décrire ; ils
ont ajouté à toutes leurs nouvelles ressources d'engrais un
autre amendement dont l'effet est encore plus énergique
que la chaux terreautée ; cet engrais est le noir d'os,
noir animal qui a servi aux raffineries de sucre.

Cet amendement s'emploie à dose encore moindre que
la poudrette ; dans quelques localités on n'en met que
3 hectolitres par hectare, ou une semence et demie ;
mais ailleurs on en emploie deux à trois fois autant ; cet
accroissement de dose est-il nécessaire, c'est un point que
pourraient résoudre des expériences soignées.

Comme pour tous les engrais pulvérulens, on en sau-
poudre le sol pour le labour de semaille. Son effet très-
grand sur les céréales est encore plus sensible sur les
fourrages de toute espèce, et notamment sur les choux,
raves, betteraves, etc.

Son emploi, depuis peu d'années, s'est étendu d'une
manière extraordinaire. En 1828, 175 navires ont apporté
à Nantes 120 mille hectolitres de noir animal dont plus
de moitié arrivait de l'étranger et 15 mille hectolitres,
entr'autres de St.-Pétersbourg; depuis cette époque, sa
consommation s'est encore accrue, malgré quelques fal-

sifications qui en ont été faites, et le port de Paimbœuf est devenu un entrepôt pour la Vendée.

Mais nous remarquerons que les os pulvérisés employés comme le noir d'os de raffinerie produisent des effets tout-à-fait analogues sur des terrains de nature semblable ; leur emploi est ancien en Auvergne, dans les environs de Thiers ; il s'est étendu beaucoup en Angleterre qui en charge de nombreux vaisseaux jusque dans le Nord de l'Europe. Le noir animal qui n'est autre chose que les os carbonisés et réduits en poudre, contient de plus un peu de sang de bœuf et de sirop de sucre, pendant que les os brisés contiennent encore toute leur gélatine qui est en grande partie réduite en charbon dans le noir animal.

Mais l'effet tout-à-fait analogue de ces engrais sur la végétation ne serait dû qu'en partie, dans le noir d'os, aux substances animales et végétales et au charbon qui s'y trouvent, dans les os pulvérisés à la gélatine qui s'y rencontre : ils agissent sur le sol de la même manière que les cendres lessivées et à des doses à peu près égales : composées comme elles en grande partie de phosphate de chaux, ce serait, je pense, à ce composé calcaire que serait dû leur prodigieux effet.

Il y a dix ans, dans un mémoire inséré dans le *Journal agricole de l'Ain*, sur l'emploi des cendres lessivées en agriculture, j'ai cherché à prouver que leur effet ne pouvait provenir que du phosphate de chaux qu'elles contiennent ; je l'ai conclu ensuite par analogie pour les os pulvérisés. Aujourd'hui il pourrait bien en être de même pour le noir d'os : il semble que cette opinion serait grandement appuyée par ce fait connu de tous, du noir d'os entassé depuis long-temps dans l'avenue d'un château près de Saint-Pétersbourg, et dont l'effet sur les terres de la Vendée a été aussi puissant que celui plus récent des raffineries de France : les parties sirupeuses de ce noir animal ont dû être entraînées par les pluies, les parties animales, soit le sang de bœuf, soit ce qui pouvait encore rester de gélatine dans les os, a nécessairement été décomposé par la longue exposition à l'air; car nous voyons qu'un temps assez court de l'action atmosphérique ou de celle du sein de la terre, suffit pour que les os perdent à-peu-près toute leur gélatine. Il ne serait donc resté dans ce noir d'os que le phosphate de chaux et des parties de charbon impalpable auquel on pût attribuer sa puissance fécondante, et ce succès, je le pense, serait dû, au moins, autant au phosphate de chaux qu'au charbon. Mais cette opinion de l'effet du noir d'os dû particulièrement au phosphate de chaux, s'accroît de vraisemblance, si on rappelle qu'elle vient d'être admise par MM. Henry et Payen dans un mémoire publié récemment.

Ce nouvel engrais serait encore un bien puissant moyen ajouté à tous ceux que nous avons déjà pour l'amendement du sol. Le phosphate de chaux se présente sur plus d'un point en grande masse, et particulièrement en Espagne.

Mais la question de savoir si l'action du noir d'os sur la végétation serait due plus encore au carbone divisé qu'il renferme qu'au phosphate de chaux, pourrait être bientôt résolue, à moins que l'industrie ne veuille taire ses résultats : il paraît qu'on a essayé avec succès de remplacer le noir d'os des raffineries par une roche bitumineuse carbonisée qu'on tire d'Auvergne et d'Alsace ; le résidu se vend sans doute comme noir ani-

mal; si son effet est le même, comme cette roche **ne**
contient qu'un carbonate, au lieu d'un phosphate de
chaux, nous devrons conclure que l'effet du noir d'os ne
serait pas dû seulement au phosphate, mais bien encore au charbon réduit dans la carbonisation en poudre impalpable : ainsi se trouverait résolue d'une manière extrêmement avantageuse la grande question de
l'action du charbon comme engrais.

Nous pensons que ce serait cette même roche bitumineuse carbonisée qu'un habile industriel, M. Salmon,
animalise pour accroître son effet comme engrais, et
dont il a formé un dépôt pour la vente à Paris.

Cette question serait d'un très-haut intérêt pour le
pays : ces roches bitumineuses existent en très-grande
masse dans plusieurs provinces de France; elles sont
connues et exploitées dans le Puy-de-Dôme, dans le
Bas-Rhin et dans l'Ain; elles se trouveraient sans doute
encore dans d'autres localités. Si en la carbonisant, opé-
ration pour laquelle elle peut fournir en partie le combustible, on peut l'employer avec avantage dans les raffineries et en obtenir, en outre, l'effet du noir d'os sur
la végétation, on aurait là des mines inépuisables d'engrais minéral qui coûterait peu, suffirait à petites doses,
et pourrait par conséquent être employé au loin, et cet
engrais aurait l'avantage sur la plupart des autres engrais
minéraux, de fournir aux végétaux une portion de leur
substance, le carbone qui en forme en plus grande
partie le tissu et la charpente.

Les mines de Pyrimont, près Seyssel, ont long-temps
fourni à notre pays des asphaltes, des graisses, des huiles
minérales, des mastics bitumineux; mais jusqu'ici leurs
produits ne se sont obtenus qu'aux dépens de la fortune

des industriels qui les ont exploitées : il serait bien temps qu'à la fin on en tirât un parti utile pour tous.

Nous venons de révéler des faits qui sont peut-être exploités avec mystère par quelques industriels ; mais nous ne les avons reçus de personne sous le secret , et nous serions trop heureux qu'en les publiant ils pussent profiter à un grand nombre.

Avant de nous résumer sur les diverses questions que nous venons de traiter, nous croyons devoir remarquer que le pays où nous venons de voir toutes ces améliorations , où nous avons vu l'agriculture faire de si grands progrès, est celui même qui a souffert si cruellement des guerres civiles, et qui semblait y avoir perdu toutes ses ressources , ses capitaux, sa population. Eh bien ! dans ce pays , depuis ces secousses et ces pertes, le sol a doublé de valeur et de produit ; tant il est vrai que tout ébranlement dans un pays, lors même qu'il semble s'attaquer à toutes les sources de prospérité, laisse après lui, lorsqu'il s'est calmé, un mouvement dans les esprits, un développement de facultés morales qui arrive promptement à compenser les pertes. Si aucun pays de France n'a autant souffert que celui là dans nos tempêtes politiques, aucun, à ce qu'il semble, n'a fait autant de progrès en agriculture, progrès qui sont encore le fondement le plus sûr de la prospérité publique.

Mais une compensation aussi heureuse pour le pays lui-même et pour la France entière, c'est que dans ce pays bien travaillé et productif, toutes les fois que la propriété n'est pas restée concentrée en un petit nombre de mains, il n'y a plus désormais les mêmes élémens pour les guerres civiles ; le mauvais succès des tentatives faites vient suffisamment de le démontrer; on est bien parvenu à engager les conscrits à ne pas rejoindre et à faire résistance pour échapper à la conscription; mais la guerre dévastera leurs récoltes, ruinera leurs familles, ils ne voudront pas la faire parce qu'ils auraient trop à perdre.

Ces compensations que présente le monde moral, après les révolutions, les guerres intestines, la nature les offre aussi après les ravages qu'elle exerce, les destructions qu'elle cause; ainsi dans les contrées qu'elle a boule-versées et qu'elle boulverse encore par des volcans, le sol presque toujours d'une fécondité remarquable, dédommage avec usure les générations présentes des maux qu'elle a causés aux générations passées, et lorsque les volcans sont contemporains, une génération d'hommes ne s'écoule pas sans voir relever les ruines des plus grandes catastrophes.

Mais il est temps de nous résumer sur les divers sujets que nous avons été entraînés à traiter : en nous occupant de l'emploi économique de la chaux comme engrais nous avons été conduits à traiter d'autres engrais calcaires en usage dans le pays où nous prenions nos exemples; et pour donner une idée des résultats obtenus par les méthodes et les procédés que notre désir était de propager, nous avons dû en faire connaître les effets sur l'agriculture du pays.

Nous nous bornerons toutefois à rappeler en finissant les idées principales sur l'emploi économique de la chaux et les principes qui doivent diriger leur application à la pratique; c'est là notre but le plus utile et le sujet que nous nous sommes proposés particulièrement aujour-l'hui.

§ Ier

La chaux avec tous ses composés paraît destinée à agir puissamment sur la végétation partout où le sol ne contient pas ce principe ; mais chacun de ses composés semblerait avoir une action différente ; c'est là un riche sujet d'études pour le naturaliste et pour l'agronome. La chaux pure, la marne, la craie, le sulfate de chaux, le phosphate de chaux, les cendres de bois, les os pulvérisés, le noir d'os, les cendres de houille, de tourbe, sont de puissans moyens d'activer la végétation, qui réussissent sur certains sols et nuisent à d'autres, qui agissent sur certains produits sans paraître avoir d'effet sensible sur les autres.

Pour chacun d'eux, les doses, les procédés d'emplois, les saisons où on doit les répandre semblent varier : et les idées comme les pratiques des agronomes demandent à être fixées.

L'agriculture flamande, l'agriculture anglaise, pays classiques pour le travail du sol, sont bien loin de celle de nos habitans de l'Ouest pour les procédés de l'application de la chaux au sol. Les Anglais avec leurs 2 à 3 cents boisseaux par acre, les Flamands avec 4 mètres cubes par hectare, en emploient, les premiers, 20 fois, les seconds, quatre fois autant : l'agriculture normande est celle qui s'en rapproche le plus ; ils emploient aussi la chaux terreautée ; mais leur dose est trois fois plus grande, les habitans de l'Ouest sont donc ceux qui, avec la proportion de chaux la plus faible, et par conséquent avec la moindre dépense, obtiennent le plus grand résultat proportionnel ; ils atteignent le but de toute agriculture, beaucoup produire et peu dépenser : peut-être, sous ce rapport, ont-ils atteint le plus haut degré du mieux.

§ II.

Mais l'un des avantages les plus notables du procédé Manceau, c'est qu'on ne peut jamais en abuser, c'est que la chaux employée de cette manière, et avec le fumier, ne peut jamais nuire au sol, à celui même auquel la chaux ne convient pas : pendant que la chaux employée à haute dose et sans intermédiaire nuirait d'abord beaucoup au sol auquel la chaux ne conviendrait pas, et sur les sols auxquels elle convient, elle provoque bien, il est vrai, une fécondité extraordinaire ; mais si le cultivateur, trompé par ces produits, n'y porte pas l'engrais réparateur, s'il le concentre au contraire sur des fonds non chaulés, et si quand il verra fléchir les produits, il recourt de nouveau à la chaux sans mélange et sans engrais, son sol qui semblera reprendre de nouvelles forces court grands risques, au bout d'une courte période, d'être épuisé : la chaux accroît sans doute toutes les facultés du sol, celle surtout qui lui fait absorber dans l'atmosphère les élémens de la végétation ; mais elle ne remplace pas le fumier, elle ne fournit pas au sol l'humus, élément nécessaire à la végétation : elle le met en action, elle le rend soluble et susceptible d'être introduit dans la circulation végétale ; elle en multiplie les avantages, en donnant au sol et aux plantes la faculté d'en puiser dans l'atmosphère une partie des élémens ; mais la consommation néanmoins continue d'avoir lieu dans le sol ; et si cet humus consommé par l'active

végétation n'est pas remplacé, le sol s'épuise, ses produits diminuent; il n'est point toutefois sans ressources ;
le principe actif, le principe excitant y surabonde ;
mais ce principe demande un aliment, il demande qu'on
lui rende l'humus dont on l'a imprudemment privé, l'engrais dont il ne fallait rien lui retrancher au milieu de
son grand travail; qu'on les lui rende donc abondam-
ment, et on verra renaître les produits; mais sans cela,
les produits et le sol descendront au-dessous du point
où ils étaient avant l'emploi de la chaux.

§ III.

L'amélioration progressive de toute l'agriculture et du
sol des plateaux de la Loire et d'une foule d'autres pays
prouve que la chaux convenablement employée est loin
d'épuiser le sol.

L'effet de cet engrais semble dépendre beaucoup plus
de la manière dont il est employé que de sa quantité.

Le grand succès du chaulage Manceau établit évidem-
ment que les grains et les plantes en contact immédiat
avec l'engrais en tirent un avantage à peine croyable :
Il nous démontre combien le mélange préliminaire de
la terre avec la chaux et l'alliance du fumier avec
elle, ont de puissance sur la végétation : le terreau accroît, sans aucun doute, et développe l'énergie de la
chaux qui lui est mélangée, et il rend son effet instantané sur le sol; enfin le contact de la chaux terreautée
avec le fumier multiplie leur force respective : et c'est
seulement ainsi que peut s'expliquer un accroissemeut
de produit si considérable avec une si faible addition
d'engrais. Une addition de 15 quintaux de chaux par

hectare, mêlée avec la terre du champ, fait produire au froment de la première année, à l'orge et à l'avoine de la seconde, trois semences de plus en moyenne, et doublent au moins la récolte de trèfle de la troisième. En comptant le poids du grain, de la paille et du fourrage obtenus de plus, et négligeant les récoltes dérobées de raves et de blé noir, le produit total des trois années est accru de plus de dix milliers de substances sèches par hectare, pour une seule addition de 15 quintaux de chaux, dont la plus grande partie reste encore dans le sol; et le sol, au bout de la rotation, est amélioré. La chaux, entre leurs mains, a donc donné au sol et aux plantes elles-mêmes la faculté d'absorber en plus grande partie dans l'atmosphère les principes constituans des végétaux : et c'est là ce qui caractérise plus particulièrement la manière d'agir des engrais calcaires, et ce qui leur donne de si grands avantages.

§ IV.

Il est bien à remarquer que pour que la chaux produise son effet sur la première récolte, il est à peu près nécessaire qu'elle ait été mélangée à l'avance à un certain volume de terreau ou de terre : son effet est d'autant plus grand que le mélange est plus intime et plus ancien ; ainsi, les Flamands, pour chauler leurs prairies, fabriquent leurs compots un an ou 6 mois à l'avance ; la chaux semble communiquer à la terre qu'on lui mélange sa qualité et son action, et cette action paraît d'autant plus forte que la terre mélangée contient plus d'humus.

Cet effet que nous remarquons pour la chaux est analogue à celui qui se produit avec les compots de fumier ;

l'effet du fumier, comme celui de la chaux, est réellement augmenté par son mélange avec de la terre : c'est là un des mystérieux bienfaits de la nature, que la théorie n'explique pas, mais c'est un des moyens agricoles les plus puissans.

L'emploi de la chaux terreautée semble appartenir plus particulièrement à l'agriculture française; mais l'agriculture anglaise tire plus de parti des compots de fumier.

§ V.

L'emploi de la chaux sans mélange est souvent peu sensible sur la première récolte, à moins qu'il ne se fasse à grandes doses et long-temps à l'avance, et qu'il n'ait été suivi de plusieurs labours peu profonds, travaux qui suppléent jusqu'à un certain point ceux des compots de chaux.

Les récoltes subséquentes trouvent, il est vrai, le sol chaulé, bien disposé; mais il y a perte à cet effet plus tardif obtenu avec plus de frais.

§ VI.

Mais, outre cet effet que nous venons de remarquer, le mélange de la terre à la chaux en produit encore deux autres très-importans pour son succès et la facilité de son emploi.

Dans les temps de grande pluie, la chaux recouverte ne la reçoit pas immédiatement; la terre, dont le volume est 6 à 8 fois plus considérable, en prend la plus grande partie, la transmet petit à petit à la chaux qui n'est avide d'eau que jusqu'à ce qu'elle soit réduite en poussière;

pendant que la chaux mise immédiatement sur le sol **sans** la recouvrir de terre, après avoir reçu la quantité d'eau nécessaire pour s'éteindre en poussière, se réduit en pâte, se grumèle avec de nouvelles pluies, dont rien ne la défend, et réduite une fois à cet état lorsqu'on la répand sur le sol, ne pouvant plus se diviser ni entrer en contact avec toutes les partie de la surface, son effet est presque nul, à moins que la dose n'en soit énorme; il est donc bien important, surtout dans les climats pluvieux, de la mêler et la recouvrir de terre.

Mais ce n'est pas tout: la poussière de chaux éteinte seule est extrêmement incommode, presque intolérable pour ceux qui la répandent; elle est enlevée par le vent le plus léger; pendant que mélangée avec la terre, elle prend de la consistance, devient semblable, pour sa couleur et pour la facilité de son emploi, aux cendres lessivées, et par ce moyen se répartit sur le sol sans peine et avec égalité.

Enfin, nous regarderons encore comme un grand avantage des procédés qui mélangent préliminairement la terre à la chaux, qu'on a toute l'année pour faire et travailler les compots, pour amasser les matériaux qui les composent, qu'on peut y employer le temps perdu; qu'on peut les établir partout, dans les terres, dans les chemins, dans les cours: et plus ils seront préparés à l'avance, plus leur effet sera sûr, immédiat et énergique.

§ VII.

Il en est de la chaux comme de la marne, des cendres de diverses espèces et des autres amendemens calcaires, sa quantité doit s'accroître avec la consistance du sol, et diminue avec sa légèreté : comme eux, la chaux doit se répandre par un temps sec et n'être pas mouillée avant d'être enterrée : comme eux, elle semble développer avec d'autant plus d'énergie son action sur la végétation, que le sol auquel on l'applique est bien égoutté. Elle tend bien à diminuer, il est vrai, l'humidité du sol ; mais cependant, pour que son effet se produise, il faut que les eaux s'en écoulent naturellement ou artificiellement ; éminemment utile dans des marais desséchés, elle reste sans effet dans des marais inondés. Il semble aussi que ses doses doivent varier suivant les pays ou les sols humides : ainsi dans notre climat qui reçoit par an 45 pouces d'eau, quantité double des moyennes ordinaires, et dans notre sol que par cette raison et par suite de sa consistance, les moyens artificiels suffisent à peine à égoutter, la dose doit être en moyenne plus forte que dans les sols secs ou légers : pour premier chaulage, alors qu'il convient de donner au sol une première impulsion et qu'il faut que l'innovation marque par un succès frappant, je proposerais de tripler la dose moyenne du procédé de la Sarthe et de donner au sol 30 hectolitres par hectare ou un tonneau par coupée : cette dose est deux ou trois fois moindre que celle qui semble se fixer dans notre pays ; toutefois, en l'employant suivant le procédé Manceau, c'est-à-dire en la mélangeant, quatre ou cinq fois à son volume de terre prise si on ne peut mieux faire dans le champ, en la répandant sur le fumier avec le grain avant le labour de semailles, elle nous offrirait toutes les chances de succès, en diminuant encore de moitié la dépense.

Si par nécessité ou défaut de temps on doit appliquer la chaux directement au sol, peut-être conviendrait-il

3

d'accroître de moitié en sus la dose : la chaux serait répartie en tas d'un peu moins d'un pied cube ; placés en rangs, à 10 pas de distance, on recouvrirait ces tas de trois à quatre pieds cubes de terre du champ. Huit jours après on mélange le tout, on le remanie deux fois encore si l'on peut pour rendre le mélange plus intime : on répand enfin la chaux sur le sol par un temps sec cinq ou six semaines après qu'on l'a mêlée à la terre ; et peut-être alors, mais avec plus de dépenses et sous la condition de fumer comme à l'ordinaire, on obtiendra le même résultat que par le procédé Manceau.

§ IX.

· Cette dose plus élevée, que nous finissons par conseiller dans notre pays, dans les parties de sol plus humides, et dans le cas où la rareté de la main-d'œuvre y forcerait, est loin sans doute d'offrir tous les avantages du procédé Manceau ; elle est deux ou trois fois plus chère, ne donne pas la même sécurité pour le sol contre l'avidité ou l'inexpérience du cultivateur.

Avec ces désavantages notables, elle n'est cependant pas sans compensation : d'une part la durée de l'amendement sera en proportion de la dose ; ainsi le procédé Manceau se renouvelle tous les trois ans, à chaque reprise d'assolement ; pendant qu'en Normandie, en Flandre, où on emploie la forte dose de chaux, on recommence au plus tous les dix ans : elle offre en outre l'avantage d'être ce qu'on appelle en Flandre un engrais foncier, c'est-à-dire un premier engrais capable d'imprimer un mouvement prononcé de fécondité à tout l'avenir d'un champ ; et puis, dans le début d'une méthode, elle laisse sur-le-champ hors de doute sa grande efficacité ; enfin son succès est beaucoup plus assuré dans le cas où le sol ne s'égoutterait pas facilement : ainsi donc, comme point de départ, comme exemple donné , comme économie de temps et comme nécessité du sol, elle offre des avantages incontestables.

Toutefois, alors qu'une bonne partie du domaine, et particulièrement les champs les plus argileux, auront reçu un premier mouvement de fécondité par l'engrais foncier, alors, disons-nous, on devra et on pourra prendre le temps d'appliquer au sol non encore amélioré, et particulièrement dans les sols légers , dans les terres à gravier, le procédé Manceau, en modifiant sa durée d'après celle de l'assolement du pays. C'est dans son emploi régulier sur toute l'étendue du sol en labour, qu'on trouve réunies à un plus haut degré que dans les autres méthodes, les trois conditions principales de tout succès agricole : accroissement de produits, économie d'avances et amélioration du sol.

M.-A. Puvis.

www.ingramcontent.com/pod-product-compliance
Lightning Source LLC
LaVergne TN
LVHW010503060726
842527LV00005B/1857